NOTES

NOTES

Date   /   /

NOTES

NOTES

NOTES

Date   /   /

NOTES

NOTES

NOTES

NOTES

NOTES

NOTES

NOTES

NOTES

NOTES

Date   /   /

NOTES

Date   /   /

NOTES

NOTES

NOTES

NOTES

NOTES

NOTES

Date   /   /

NOTES

NOTES

Date   /   /

NOTES

NOTES

Date   /   /

NOTES

NOTES

NOTES

NOTES

NOTES

NOTES

NOTES

NOTES

NOTES

NOTES

NOTES

NOTES

NOTES

NOTES

NOTES

NOTES

NOTES

NOTES

NOTES

NOTES

NOTES

NOTES

NOTES

NOTES

NOTES

Date   /   /

NOTES

NOTES

NOTES

NOTES

Date   /   /

NOTES

NOTES

NOTES

NOTES

NOTES

NOTES

NOTES

Date   /   /

NOTES

NOTES

NOTES

NOTES

NOTES

NOTES

NOTES

NOTES

NOTES

NOTES

Date   /   /

NOTES

NOTES

NOTES

NOTES

NOTES

NOTES

NOTES

Date   /   /

NOTES

Date   /   /

NOTES

NOTES

NOTES

Date   /   /

NOTES

Date   /   /

NOTES

NOTES

Date / /